小牛顿 科学与人文

将科学的触角伸入更多领域，让科学更生动更有趣

廉颇为什么背着荆棘请罪？
故事中的植物秘密

小牛顿科学教育有限公司 / 编著

内附科学视频

中国出版集团　现代出版社

小牛顿 科学与人文

来自海峡两岸极具影响力的原创科普读物"小牛顿"系列曾荣获台湾地区 26 个出版奖项，三度荣获金鼎奖。"科学与人文"系列将"科学"与"人文"相结合，将科学的触角伸入更多领域，使科学更生动、多元、发散。全系列共 12 册，涉及植物、动物、宇宙、物理、化学、地理、人体等七大领域。用 180 个主题、360 个科学知识点来讲解，并配以 47 个有趣的科学视频进行拓展，扫描二维码即可快捷观看，利用多媒体延伸阅读。本系列经由植物学、动物学、天文学、地质学、物理学、医学等领域的科学家和科普作家审读，并由多位教育专家、阅读推广人推荐，具有权威性。

科学专家顾问团队（按姓氏音序排列）

崔克西　新世纪医疗、嫣然天使儿童医院儿科主诊医师

舒庆艳　中国科学院植物研究所副研究员、硕士生导师

王俊杰　中国科学院国家天文台项目首席科学家、研究员、博士生导师

吴宝俊　中国科学院大学工程师、科普作家

杨　蔚　中国科学院地质与地球物理研究所研究员、中国科学院青年创新促进会副理事长

张小蜂　中国科学院动物研究所研究助理、科普作家、"蜂言蜂语"科普公众号创始人

教育专家顾问团队（按姓氏音序排列）

胡继军　沈阳市第二十中学校长

刘更臣　北京市第六十五中学数学特级教师

闫佳伟　东北师大附中明珠校区德育副校长

杨　珍　北京市何易思学堂园长、阅读推广人

编者的话

童话故事除了有无限丰富的想象力，还可以带给孩子什么启发呢？如果看故事的同时，还能带领孩子探索科学奥秘，充实生活的知识与智慧，该有多好。

你有没有想过，《不开花的树》中提到的无花果树，真的不开花吗？《睡美人》城堡中的植物，为什么会爬满了整片城墙？《勇于认错的廉颇》里，廉颇背着的荆杖，为什么有那么多根？其实，在小朋友耳熟能详的童话故事里，蕴藏着许多有趣的科学现象。

本系列借由生动的童话故事，引发儿童的学习动机，将科学原理活泼生动地带到孩子生活的世界，拉近幻想与现实的距离，让枯燥生涩的科学知识染上缤纷色彩。本系列分成动物、植物、物理、化学和地球宇宙等领域，让孩子在阅读过程中，对科学知识有更系统性的认识。透过本书一张张充满童趣的插图、幽默诙谐的人物对话、深入浅出的文字说明，带领孩子从想象世界走进科学天地。

通往知识城堡的旅程充满惊喜，还有小视频可以看哦！

- 一百文钱一颗桃 …… 4
- 三位博士 …… 8
- 小蚂蚁搬花粉 …… 12
- 不开花的树 …… 16
- 百花仙子 …… 20
- 竹取公主 …… 24
- 吴刚伐树 …… 28
- 麦草、煤块和豆子 …… 32

- 48 勇于认错的廉颇
- 44
- 花与叶
- 40 拇指姑娘
- 36 兔仙的神奇种子
- 52 单衣顺母
- 56 睡美人
- 60 银杏姑娘

一百文钱一颗桃

明朝时，浙江绍兴有一个很聪明的人叫作徐渭。

有一天，他看见一家水果摊正在卖桃子，就问老板："你家的桃怎么卖呢？"

这位老板是个势利眼，经常欺负穷人。他看徐渭的穿着不怎么起眼，于是故意嘲弄徐渭："一颗桃一百文钱，你买得起吗？"

徐渭心里暗想："你这个家伙，我早就听说了许多关于你的恶行恶状，今天我要好好教训你。"

于是他对老板说:"太好了,这里刚好有一百文钱,就买一颗桃。"

老板一听大喜:"原来这家伙是个傻子!"立刻拿了一颗桃给徐渭,并收了他一百文钱。

没想到,徐渭拿了桃还不走,就这样站在水果摊旁,只要有顾客前来询问桃的价钱,徐渭就大喊:"一颗桃一百文钱。"顾客们听了,有的挠挠头,有的瞪大眼睛。大家都纷纷议论:"哪有这么贵的水果?""这桃是王母娘娘的蟠桃吗?哈哈!"就这样,一整天下来,老板只卖出了一颗桃。

第二天一大早,水果摊还没开张,徐渭就已经在一旁等着。只要有顾客上门,他就对着顾客叫卖:"来哟来哟,桃子不二价,一颗一百文钱。"自然,水果摊仍然一桩生意也没有做成。

第三天,徐渭又来了。这天,大街上人来人往,却没有人停在水果摊前。原来,一百文钱一颗桃的新闻,早已轰动整个绍兴城。大家都在嘲笑这个老板根本不会做生意。

这么几天下来,老板可急了。他向徐渭苦苦哀求:"先生,放过我吧!我把钱还您,再送您十斤桃,求您别再来了。"

徐渭对他说:"告诉你,做生意要公正,千万别再瞧不起穷人,否则我会再来找你。"说完,取回一百文钱就扬长而去了。

我们都在吃果皮？

你吃过桃子吗，剥掉粗粗涩涩的皮后，一口咬下去，鲜甜多汁的桃肉，真是太美味了！但我们吃的果肉，其实是果皮的一部分哟！

多数水果是由花朵中的雌蕊受精后，子房变大发育而成的。子房里的胚珠发育成种子，而子房壁则发育成果皮，这与我们所认知的水果皮并不是一样的概念。

子房壁就像一道墙壁，有内、外壁之分，此外还有两壁的中间部位。子房外壁会发育成外果皮，也就是水果皮。子房内壁和中间部位则分别成为内果皮和中果皮，这才是水果肉。番茄、哈密瓜、桃子的水果肉是中果皮；柑橘类的水果肉则是内果皮。至于苹果和梨，它们的水果肉并不是由子房壁所形成的，而是来自花托，因此被称为"假果皮"。所以，当我们在品尝这些水果时，其实我们都在吃果皮。

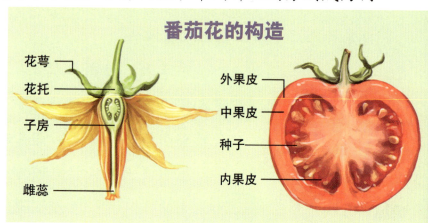

番茄花的构造

我们吃的是什么果皮呢？

中果皮

浆果类（奇异果）、瓠果类（蜜瓜）和核果类（桃子）的果肉是中果皮，由子房内、外两壁的中间部位形成。

内果皮

柑果类（柳橙）的果肉是内果皮，是子房内壁形成。

假果皮

梨果（苹果）的果肉是假果皮，由花托变成。

聚合果和聚花果

前面提到的那些水果都属于单花果，意思是一颗水果就是由一朵花里面的一个雌蕊所长成的。但是自然界并不是这样单调，有些水果，如草莓和凤梨，就是水果中的"特殊分子"呢。

仔细观察草莓，可以发现它的籽平均分布在表面，每一个籽其实就是一颗果实哦！换句话说，一颗草莓实际上是由好几颗果实共同组成的聚合果。这是因为草莓的一朵花里有好几个雌蕊，而每个雌蕊最后都会长成一个小果实。至于草莓的果肉呢？那是由花托膨大所形成的。与草莓类似的水果还有释迦和覆盆子。

草莓身上的白点点，其实是一个个小果实，而我们爱吃的红色果肉，则是膨大的花托。

凤梨也是由好几个小果实共同组成的，可是跟草莓不同，凤梨的每一个小果实都来自一朵花。所以凤梨这种水果被称为"多花果"。与凤梨类似的水果还包括无花果、桑葚、菠萝蜜。

凤梨的每一个尖刺都是一个小果实，是由一朵花形成的。一颗凤梨实际上是由好几朵花所变成的果实共同组成的。

故事时间

三位博士

很久很久以前，在东方有三位星象家，由于他们知识渊博，因此人们尊称他们"博士"。有一天，这三位博士发现西方的天空出现了一颗以前从未见过的、特别明亮的星星。他们查遍古籍，终于找到一段预言，提到这颗星出现时，会诞生一位伟大的国王。于是他们准备了贵重的礼物，想要去拜访这位即将出生的国王。

他们走了好几个月，跟着星星来到一个王国。他们到处寻访那个婴孩，也对众人讲述他们在古书上的发现。这件事很快传遍了整个王国，连国王都被惊动了。

国王召集他的谋士们，问道："各位，我听说有三位东方来的博士，他们四处在找一位将来要当国王的婴孩。古书上真的有记载这件事吗？"

谋士们商议了一阵子,回答国王说:"没错,古书上的确记载着在我国都城南方的伯利恒城会诞生一位婴孩,他将来要成为统治我国的国君。"

国王可不想让这位婴孩将来有机会篡了自己的位置,他私下将三位博士找来:"尊贵的三位博士,你们要找的那个婴孩很可能就在我国的伯利恒,希望你们能去找找看。找到了务必来告诉我,我有义务保护我们将来的国王。"其实国王心里打着坏主意,打算要杀了那个婴孩。

于是,三位博士前往伯利恒,在一个破旧的马槽中找到了那名婴孩。他们献上了黄金、乳香和没药。不过,他们并没有回去见当时的国王,因为他们早就察觉到国王心怀不轨,孩子的性命恐怕会有危险。

他们对婴孩的父母说:"你们快带着孩子逃走吧,等现在的国王过世了再回来。"博士们说完,也悄悄地启程返国了。

科学教室

做为赠礼的乳香和没药究竟是什么？

乳香和没药分别是乳香树和没药树的树脂，两者皆产于非洲。"乳香"这个词在阿拉伯语里面代表"奶"，意思是树脂从乳香木流出来时像乳液一样。乳香呈现半透明状，色泽黄偏红，且带有特殊气味，古时候被称为"薰陆香"，是一种相当贵重的薰香料，主要使用在宗教活动或仪式典礼上。

没药呈现红色，是一种古老的药物。本草纲目中记载着没药具有神奇的疗效，可以促进伤口愈合。古埃及人还会将没药制作成芳香剂和尸体防腐剂。

乳香和没药的采集方法很类似，都是先用小刀在树皮上斜斜地割开一道伤口，此时树脂就会沿着伤口往下流。人们在伤口底部接上一个小容器，等个一两天后，树脂会装满容器并且凝固，这时就可以采收了。由于这样的采集方法很辛苦，采集量又不大，因此乳香和没药是相当昂贵的。

树脂就是植物的分泌物，在松柏类植物中含量特别丰富。

黄金的确是很贵重，但乳香和没药是什么？

乳香和没药都是树脂。乳香是薰香料，没药则具有神奇的疗效哦！

乳香

没药

有用的树脂

树木分泌树脂，原本是为了凝固自己的伤口，免得暴露在细菌和害虫的威胁之下。不过，聪明的人类很早就发现，有些树脂具有特殊的性质，能加以利用，如漆、橡胶和琥珀。

倒霉的昆虫在松树皮上被流出的树脂包围，等树脂凝固以后，就形成珍贵的琥珀化石。

漆是一种天然涂料，由漆树分泌的树脂制作而成。在器物表面涂上一层漆，不仅可以美化器物，还有保护器物的功能。我国使用漆的历史相当久远，早在河姆渡文化时就已经出现了涂在木碗上的红漆。

橡胶具有弹性，来源是橡胶树。橡胶树原产于南美洲，玛雅人已经懂得使用橡胶制作橡胶球和鞋子。由于橡胶球的弹力非常好，还让初次造访美洲大陆的西班牙人以为这些球里面有恶灵附身呢。

松树的树脂凝固后被埋藏于地下数千万年便会成为琥珀，它玲珑轻巧，触感温润细致，因此琥珀可以作为宝石原料。有些年代久远的琥珀中甚至保存着古代昆虫的尸体，是化石爱好者相当喜爱的收藏品。

天然橡胶是农夫采集橡胶树的树脂所制作成的，需要花很长的时间一点一滴收集起来。

故事时间

小蚂蚁搬花粉

春天来临了。一整个冬天都躲在家里的小蚂蚁走出家门,想找一些新鲜的食物。小蚂蚁走了很远,但是都没找到喜欢的食物,走累了,它只好坐在树下休息。

一只蜜蜂飞了过来,跟小蚂蚁打招呼:"你好哇,这个冬天过得好吗?"

小蚂蚁说:"你好。托你的福,存粮还够吃,窝里也很温暖。"

蜜蜂问道:"你在找食物吗?"

小蚂蚁回答:"是呀,出来活动活动,顺便找找看有没有新鲜的食物。吃了一整个冬天的存粮,都吃腻了。不过,我找了很久,还是没找到。"

蜜蜂指了指它的腿:"你要不要试试花粉?很好吃哟。"

在蜜蜂的腿上沾有一堆金黄色的小颗粒,小蚂蚁拿了一颗来吃,果然入口柔软香甜,好吃极了。

小蚂蚁向蜜蜂道谢后,就开始到处去找花粉。忽然,一阵风吹过来,一颗花粉轻柔地落在小蚂蚁身上,小蚂蚁很开心,赶紧把花粉装进自己的口袋里。走着走着,又一阵风吹过来,更多花粉掉了下来。小蚂蚁不断捡哪捡,口袋很快就装满了。可是地上还是有很多花粉。

"怎么办呢?要是回家后再过来,实在是太远了。而且恐怕要来回好几趟才拿得完哪!"小蚂蚁觉得很苦恼。

小蚂蚁开始在地上绕圈圈,一边绕,一边思考要怎么解决眼前的难题。

转了两三圈后,小蚂蚁忽然想到了一个好方法。他先把地上的花粉聚集成一个小堆,然后用水把自己的身体沾湿,再回到花粉堆中滚来滚去。就这样,小蚂蚁穿了一件金黄色的"花粉外套",顺利地把所有的花粉带回家里,跟大家一起慢慢享用。

花粉是什么？

花粉是开花植物的雄蕊所产生的粉末，当花粉和雌蕊碰触（受精）后，植物才能结出果实。所以说，植物是为了繁殖后代而产生花粉。

单一颗花粉很细小，只凭肉眼是无法看见的，通常要借助显微镜才能观察到花粉的样子。每一种植物所产生的花粉形状和大小都不同，因此花朵才可以辨认出属于自己种类的花粉。

为了增加花粉和雌蕊接触的机会，开花植物会制造出很多花粉。举例来说，一棵桦树开花时产生的花粉数量很可能高达数十亿颗，这么多的花粉一次散发开来，对于有花粉过敏症的人来说可不是个好消息。

由于花粉不容易腐坏，因此有些花粉可以在土壤中保存很长一段时间。科学家就利用这些古代的花粉获得了很多珍贵的信息，如古代人种植什么作物，或是以前的植被长成什么样子，等等。

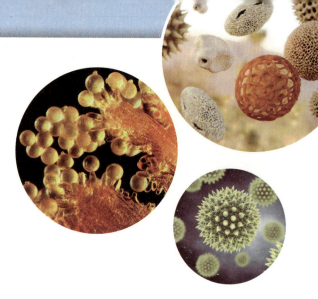

在立体显微镜底下可以看到花粉有着千奇百怪的样子。每一种植物的花粉都有特殊的形状和大小，免得雌蕊认错。

扫一扫，看视频

松科植物的花粉数量相当庞大。一阵风吹过来，一堆花粉便急急忙忙地"乘风飞舞"，想赶快找到自己的伴侣。

花粉的传播

有些花朵的雄蕊和雌蕊靠得很近，花粉很容易就能落在柱头上，进而完成繁殖大业。但有些植物的花朵中只有雌蕊或只有雄蕊，它们必须让花粉去旅行，才有繁殖后代的机会。可是花粉没有脚，究竟要如何旅行呢？

聪明的花朵懂得利用风。一阵风吹来，成千上万的花粉便散播在空中，到处去寻找另一半。这类使用风力来传播花粉的花朵被称为"风媒花"。

另外有一些花朵把自己打扮得千娇百媚，又分泌出甜甜的花蜜，借此吸引蜜蜂、甲虫、蜂鸟等小动物上门。当这些小动物拜访花朵，畅饮花蜜时，也把花粉带来带去，不知不觉地就帮了花朵一个大忙呢。这类靠着小动物授粉的花朵被称为"虫媒花"或"鸟媒花"。

此外，人类为了培育出好吃的蔬果或造型特殊的花卉，也会用人工授粉的方式，拿毛笔蘸取雄花上的花粉，轻轻刷在雌花的柱头上，替这些可爱的花儿当媒人。

媒人上门啰！

玉米的雌花

玉米的雄花

玉米的雄花和雌花分别长在不同位置，也没有浓郁的香气吸引小动物来协助授粉，因此花粉要靠风的媒介或是人工授粉才能使雄蕊与雌蕊相遇。

不开花的树

暖和的春风徐徐地吹进一个美丽的花园里，各种花朵开始争奇斗艳。牡丹花自夸："看哪！我的花瓣层层叠叠，好似无穷尽的波浪。多少诗人为我写诗作词呢！"玫瑰则不甘示弱地说："像我这样的花瓣，才称得上娇艳欲滴，人们都说我是爱情的象征呢！"

每种花也都纷纷说出自己的优点，不肯落于"花"后。在这个园子里，只有无花果默默无语。

来园子散步的人们聚集在那些万紫千红的花海前面，纷纷赞叹造物主的奇妙。光临园子的蜜蜂和蝴蝶也都被各种花香、花蜜所吸引，在花丛中来回穿梭，却没有人注意到无花果的存在。

无花果没有花，因此吸引不了只注重外表的人和动物。有些刻薄的花甚至开始嘲笑无花果："你呀，吸收了雨水和阳光，扎根在肥沃的土地里，却不开花。这个园子因为你而失色不少。你怎么还好意思待在这里呢？"

无花果依然沉默不语，静静地承受这些冷嘲热讽。

炎热的夏天来了，无花果的枝干上结满了丰硕的小果子。来逛园子的人们开始注意到无花果。由于又饥又渴，人们伸手摘取果子来吃，边吃边赞美："这个果子又香又甜又解渴，真是太棒了。""园子里能有这棵树，实在是完美极了。"

其他的花朵相当惊讶，纷纷对此表示意见。茉莉提出质疑："从来没看到你开花，你是怎么结出果子来的？"芍药大声嚷嚷："他一定是把别的果子偷来，放在自己身上。好奸诈！"

这时，天神来到花园。听了群花的议论后，天神笑着说："你们难道不知道造物的奇妙吗？我给无花果的不是能炫耀的花朵，而是能缓解饥渴的甜美果实啊！"

无花果树真的"无花"吗？

无花果是一种开花植物，属于桑科榕属。其植物不会绽放美丽的花朵，但在它们的枝干上有许多果实。这些果实其实并不是真正的果实，而是膨大的花托。其花托大到可以把所有小花包在里面，因此从外观上看不见它的花，可是，花托里面是一片花海呢。由于花被藏了起来，因此这种花被称为"隐头花序"。人们常常误以为其没有开花就结果，就叫它"无花果"了。

既然我们看不到无花果树的花，也不晓得它何时结果，那要如何知道果实是不是成熟了呢？很简单，我们可以从无花果的表面和色泽来判断。当无花果从绿色变成红色甚至紫色，而且慢慢变软，就表示快要可以品尝了！

无花果中含有丰富的维生素、矿物质及人体必需的氨基酸，具有抑制癌细胞、降低血糖、血脂、帮助消化等功能，对健康很有益处。

你看不到我！
你看不到我！

花朵　花托

无花果的果实

无花果树上的果实渐渐由青变紫，代表果实快要成熟啦！

爱玉属于榕属植物，长出的果实也是一种"无花果"。

配合默契的无花果树和榕小蜂

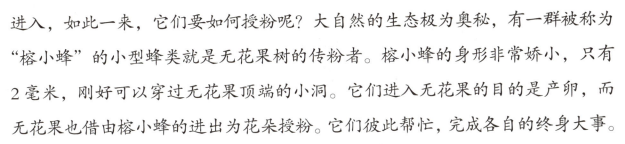

无花果树的花朵构造非常特别，数以千计的小花被紧紧包在翻过来的花托内，顶端只有一个小孔和外界相通，一般的蝴蝶、蜜蜂都无法进入，如此一来，它们要如何授粉呢？大自然的生态极为奥秘，有一群被称为"榕小蜂"的小型蜂类就是无花果树的传粉者。榕小蜂的身形非常娇小，只有2毫米，刚好可以穿过无花果顶端的小洞。它们进入无花果的目的是产卵，而无花果也借由榕小蜂的进出为花朵授粉。它们彼此帮忙，完成各自的终身大事。

当无花果树的果实在隐头花里逐渐成长时，榕小蜂的孩子也跟着长大。雄性榕小蜂首先破壳而出，凭着嗅觉在隐头花丛里寻找雌蜂。完成交配后，雄蜂就死亡了，雌蜂则找到出口，飞出去寻觅下一代的育婴室，也将身上的花粉带过去。就这样，无花果树和榕小蜂不断彼此配合，完成了世世代代的循环，成为大自然里一对配合默契的最佳拍档！

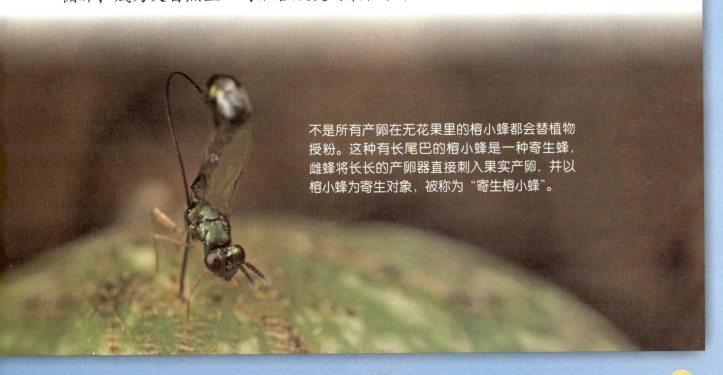

不是所有产卵在无花果里的榕小蜂都会替植物授粉。这种有长尾巴的榕小蜂是一种寄生蜂，雌蜂将长长的产卵器直接刺入果实产卵，并以榕小蜂为寄生对象，被称为"寄生榕小蜂"。

百花仙子

　　传说在天庭的百花园里,有一位负责照顾各种花卉、掌管百花开放的仙女,大家都叫她百花仙子。

　　这天是王母娘娘生日,各路神仙都来为王母娘娘祝寿祈福,花园里好不热闹。这时,嫦娥突然提议:"不如让百花一起绽放,为娘娘庆生吧!"

　　"不行,百花开放各有自己的时间,怎么能说开就开呢!"百花仙子一口拒绝了。

　　嫦娥感到很没面子,内心对百花仙子相当不满,打算找机会报复她。

　　嫦娥常年居住在月宫里,和各路神仙都不相熟,唯独和心月狐的交情很好。一日，心月狐告诉嫦娥，玉皇大帝派自己下凡去人间扰乱唐朝李氏江山。嫦娥认为机不可失，便请托心月狐下凡后让百花在寒冬齐放。

心月狐下凡后转世成为武则天。武则天篡唐自立，改国号为周，此时她记起了与嫦娥的约定，便下旨让百官在隆冬之际前来御花园赏花，同时嘱咐蜡梅仙子前往仙界传达命令，要百花同时开放。这时候，百花仙子正与麻姑闭关修行，花仙们无从请示，一时没了主意，只好听命于人间的皇帝。因此，在武则天的花园里竟出现了冬季百花齐放的奇景。只有牡丹知道事情的来龙去脉，拒绝开放。

"什么！百花竟然在不应齐放时违令开放？"消息传到天庭，引起了轩然大波，玉皇大帝也相当愤怒。于是，玉帝将百花仙子与违规的众花仙一起贬谪到凡间，她们变成了十几名美貌绝伦、才德兼备的女子。这就是中国古典名著《镜花缘》中的故事。

植物为什么要开花？

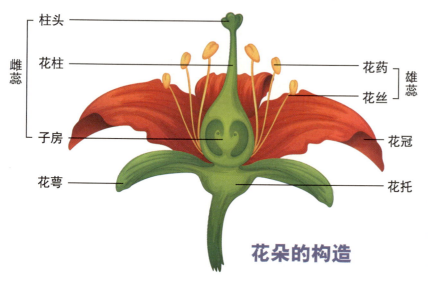

花朵的构造

五彩缤纷的花朵不但美丽，还会散发出清新的香味，是植物最吸引人的部位。植物如此用心地经营自己的花朵，全都是为了吸引花的媒人来拜访。当蝴蝶、蜜蜂、蜂鸟这些媒人被花朵吸引过来后，花朵就会提供花蜜大餐让它们享用，顺便将花粉偷偷沾在它们身上。而当它们再去拜访另一朵花时，就会把花粉也一起带了过去。于是，奇妙的事情就这样开始了。当花粉碰触到雌蕊前端的柱头时，就会萌发出花粉管进入雌蕊中。花粉管就像一座桥，让花粉里的精细胞可以到达子房里面并和胚珠的卵细胞结合，形成孕育生命的受精卵。这个受精卵最后会渐渐发育长成种子，在适当的时机落地生根、茁壮成长。因此，花朵其实就是植物的生殖器官，而植物努力开花则是为了繁殖下一代，让族群得以绵延不息。

授粉的过程

1. 一粒花粉落在雌蕊的柱头上。
2. 花粉萌发出花粉管，沿着柱头向下生长。
3. 花粉管抵达子房内的胚珠。精细胞与胚珠内的卵细胞结合，形成受精卵。

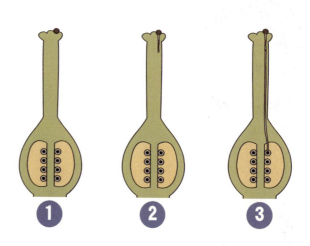

开花的季节

宝宝乖乖睡，一眠大一寸。

故事里的群花必须在特定的时间开放，而在大自然里，各种植物的确也有自己的花期——春天时，金黄色的油菜花在田野间随风摇曳；夏天时，向日葵勇敢抬头面对骄阳；秋天时，波斯菊张开双手迎接西风；冬天时，梅花在冰天雪地中不畏严寒。为何植物会在特定的季节开花呢？这是为了要让种子在适合的气候条件下发芽、生长，使下一代能顺利存活，至于什么样的气候条件适合种子发芽，这就跟各种植物的习性有关了。例如，菊花在秋天时开花结果，后代就能以种子的形式度过漫漫寒冬。假如菊花在夏天开花，种子在秋天发芽的话，小芽就可能会因挨不过寒冬而凋零。相对来说，油菜花比较不怕寒冷，所以种子可以在秋天发芽，冬天成长，春天开花。

除此之外，有些植物选择开花的时机必须配合特定昆虫的活动期，这是因为这些植物得依赖昆虫来协助传递花粉。要是在错误的季节开花，却没有昆虫来帮忙授粉，那就无法生育后代了。

需要靠昆虫授粉的植物，花期也会和"媒人们"频繁活动的时间同步。

扫一扫，看视频

从前有一对善良的老夫妇。一天，老爷爷在山里找到了一段发出光芒的竹节，他觉得十分奇怪，赶紧将竹节带回家，剖开一看，里面居然有一个小女婴。由于这对夫妇一直没有自己的孩子，因此他们非常疼爱这个小女娃，费尽心力将她抚养长大。

小女孩儿长成了十分美丽的少女，大家都称呼她为"竹取公主"，意思是从竹节中诞生的美丽女子。有一天，一位富有的商人慕名而来，向竹取公主求婚："美丽的公主啊，我希望能守护你一辈子。"

竹取公主决定试探这位富商的诚意，便对他说："听说遥远的蓬莱岛上生长着一种白玉树，如果你能亲自替我带来一截白玉树枝，我就嫁给你。"

富商立刻出航寻找，可是，找了好久都没找到蓬莱岛，他决定欺骗竹取公主。他找来一个手艺高明的玉匠，花了几个月的时间，打造了一根几乎可以乱真的白玉树枝。玉匠对富商说："我已经完成了你要的东西，现在，你可以把酬劳给我了。"

没想到，富商表面上答应，却悄悄地将白玉树枝偷走了。

富商将白玉树枝献给了竹取公主。由于玉匠手艺相当高明，因此竹取公主难辨真伪。富商正得意时，玉匠却出现了，他对着富商大喊："小偷！我帮你打造白玉树枝的钱还没给我呢！"就这样，富商的谎言被拆穿了。竹取公主当然也拒绝了他的求婚，继续陪在老夫妇身边。

直到某个月圆的夜晚，忽然从天上降下许多仙女，还有一辆马车，她们来到老夫妇家门口准备接走竹取公主。竹取公主流着眼泪说："爹、娘，谢谢你们这些年来的照顾，如今我该离去了。"老夫妇相当舍不得，他们给了竹取公主一个大大的拥抱，以及最深的祝福，目送她上了马车，逐渐消失在天空里。

竹子是"草"还是"树"？

一般人对竹子都不陌生。竹子细细长长的，坚硬而挺直的茎秆中间有许多中空的节，故事中的竹取公主就是从竹节里诞生的。不过，你知道竹子是草还是树吗？

有人说，树木有年轮，而竹子没有，因此竹子不是"树"；但也有人说，竹子坚硬高大，不像一般的草一样容易弯折，而且自古人们总把大片丛生的竹子称为"竹林"，因此竹子应该是树的一种。真相究竟如何呢？

竹子长成后，要经过数十年甚至100多年才会开一次花，开花后不久就会死亡。

通常依照生活形态，可以将植物分成木本植物和草本植物两大类。木本植物的茎部有形成层，每年能够持续性生长，就是我们俗称的"木本"；而草本植物的茎没有形成层，不能无限加粗，一般比较柔软，在开花结果后不久就会枯萎。

竹子和我们吃的小麦、水稻、玉米等农作物都属于禾本科植物，此类植物的茎通常是中空的，没有形成层，而且一生只开一次花，开花后不久就会慢慢枯萎而死。依照这样的原则来看，竹子是一种大型的草，而不是树哟。

妈妈，我究竟是草还是树呢？

我女儿这么漂亮，应该是花吧！

竹子的功用

自古以来，竹子就具有相当广泛的用途。通常竹子种植3～5年即可取用，四季长青，取材容易。由于竹子生长快速，质轻而坚硬，在盛产竹子的地区，竹子可用来作为盖房子的建材。竹制器具与工艺品也在人类生活中扮演重要的角色，并且是一种相当环保的材料。将竹子经过高温烘培后可形成竹炭，能用来清除空气中的臭味或用来制作风味特殊的食品。以竹炭制成的活性炭，则能有效地吸附污水中的杂质。某些竹子甚至可以用来造纸呢！

竹子还可作为食物和药物。例如幼竹刚生长出来的嫩竹笋就是餐桌上常见的美食，而竹叶也是一种能清热祛火的中药材。将新鲜竹片放在火上烘烤得到的汁液称为竹沥，能治疗咳嗽并起到化痰功效。将竹子和盐巴一起烘烤，可制作成竹盐，不仅可作为调味料，也可制作成竹盐牙膏，具有消炎抗菌、预防和治疗牙齿疾病的功效。

翠绿的竹林不仅能遮阴，或成为点缀山水美景的观赏物，还能吸收大量的二氧化碳，减缓全球温室效应，帮助保持水土，减少废水中的氮气量。可以说，竹子全身都是宝！

经过高温炭化所产生的竹炭具有结构致密、比重大、孔隙多的特征。这些微小的孔洞能吸收空气中的有害物质，达到除臭的效果。

故事时间

吴刚伐树

古时候，有一个人叫作吴刚。吴刚虽然十分健壮，但缺乏耐心，不管什么工作都只做个一两天就不想做了，总是梦想能找到一个钱多、事少、离家近的工作。

有一天，吴刚灵机一动："要是可以当神仙，那可算是最轻松简单的工作了！"于是，吴刚跑到深山里找到一位老神仙。"神仙师父，请您传授我成仙之道。"

老神仙微笑着说："没有问题，但你要有恒心、毅力，才能得道成仙。"吴刚一口答应："一定会的，师父您说什么，我就做什么。"

老神仙给吴刚上的第一节课是采集和辨认药草。老神仙带着吴刚翻过了好几个山头，教他各种药草的疗效。两天后，吴刚开始觉得烦闷了。他抱怨道："认识这些杂草有什么用处呢？我想学习的是变幻万千的仙术。"老神仙说："好吧，那么我给你一本仙书，你先读读看。"

翻了两天的书，吴刚还是觉得无聊。他跑去

找老神仙:"师父,成天看这本破书,我还是学不会仙术啊。有没有更快速的方法呢?"

老神仙发现吴刚完全没有耐心,决定给他一个惩罚。老神仙将吴刚带到了月宫。"如果你可以把这棵树砍倒,我就传授仙术给你。"

吴刚心想,这实在太容易了,一定很快就可以搞定。吴刚拿起斧头随意砍了三下,觉得有点儿累了,决定先睡一觉再说。

第二天起床,吴刚惊讶地发现树干原本被砍过的部分居然复原了,就像没有被砍过一样。沮丧的吴刚再用斧头随便砍了两三下,就又烦闷地坐在树下休息,没多久,树的伤口又复原了。就这样,吴刚每天乱砍一通,月宫的大树却仍然屹立不倒。

树的伤口真的能迅速复原吗？

树木能够快速生长与恢复，具有强大的生命力，是因为它们具备了几个独特的法宝。第一个法宝是树根。树根就像是房子的地基，在土壤里分布得又深又广，因此能稳固支撑大树屹立不倒。树根还能从土壤中吸收水分和养分，让树木得以顺利成长。

树的第二个法宝是坚硬的树干。树干最外层的树皮，能保护树木免受伤害。如果树皮不小心被划破了，也可分泌树脂将伤口封闭起来，防止虫子或细菌侵入体内。树干内部的导管就像动物的血管一样，能将根部所吸收的养分和水分输送到树叶，将树叶所产生的能量输送到其他部位。

树的第三个法宝是树叶。树叶就像一个工厂，能利用阳光将二氧化碳和水分加以结合，产生糖类。这些糖就是树木的能量来源，可以让树木长得又高又大。

光合作用

以阳光作为驱动力量，树叶可将二氧化碳和根部送过来的水分结合，产生氧气和糖，这就是"光合作用"。氧气被排放到空气中，糖则被树木利用来建构自己的身体。

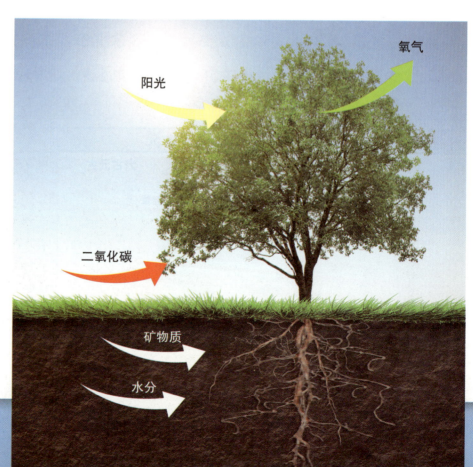

树木的年纪

怎么知道树木的年龄呢？科学家发现树木的年龄秘密就藏在树干里。树干里面有一圈被称为"形成层"的组织。每一年，树木都会产生新的形成层，使树干越长越粗。旧的形成层则被包覆在里面而渐渐地成为坚硬的木材，也就是树干的主体。

在一年当中，春天和夏天的气候温暖，雨量丰沛，相当适合树木生长。因此在这两个季节，树木生长速度比较快，会形成厚度较宽且颜色较亮的形成层；到了秋天和冬天，温度降低，雨量减少，树木生长速度比较慢，所产生的形成层就会较细且较暗。由于这一深一浅的区分，因此在树干的横切面上就可以看见一圈一圈的环状纹路，也就是"年轮"。只要仔细地数一数年轮的数量，就可以推算出树木的年纪啦。

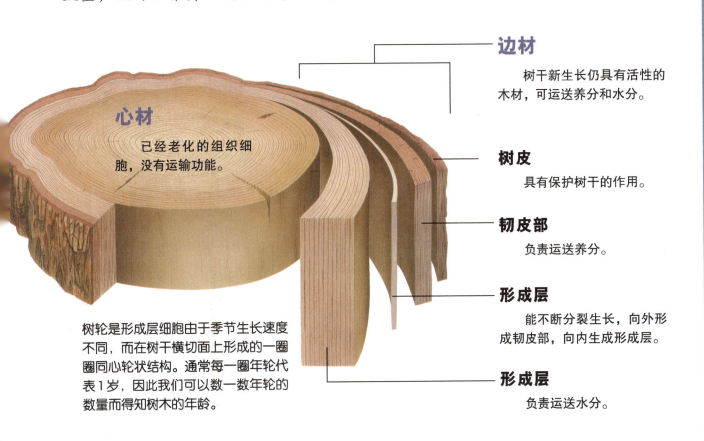

边材
树干新生长仍具有活性的木材，可运送养分和水分。

心材
已经老化的组织细胞，没有运输功能。

树皮
具有保护树干的作用。

韧皮部
负责运送养分。

形成层
能不断分裂生长，向外形成韧皮部，向内生成形成层。

形成层
负责运送水分。

树轮是形成层细胞由于季节生长速度不同，而在树干横切面上形成的一圈圈同心轮状结构。通常每一圈年轮代表1岁，因此我们可以数一数年轮的数量而得知树木的年龄。

麦草、煤块和豆子

一位老太太摘了一盘豆子,准备做豆子汤。她在炉子中放了几个煤块,又加了一把麦草引火。当她把豆子倒进锅里时,没注意到有一粒豆子落在了地上,豆子的旁边还有一根麦草和一块依然灼热的煤块。

麦草开口说:"亲爱的朋友们,你们好哇!今天真是我的幸运日,老太太把我70个兄弟塞进炉火里烧成了灰烬,只有我溜了出来。"

煤块也说:"要是我没有用尽力量从火里跳出来,恐怕也是必死无疑。"

豆子附和道:"我也是、我也是,我可不想被煮成浓汤啊!"

麦草问它的两个新朋友:"那么我们现在该怎么办呢?"

豆子回答:"既然我们一起死里逃生,不如就团结在一起,想办法逃得越远越好。"大家都觉得这是一个好主意,于是麦草、煤块和豆子便结伴离开了老太太的家。

不久,它们来到了一条小溪边。小溪上没有桥,它们要怎么渡过溪水呢?麦草提议:"这样吧,我来当桥,你们再把我拉过去。"

急性子的煤块想要赶快过去,立刻跨上了"麦桥"。可是,当它走到一半时,听到溪水哗啦啦流动的声音,感到相当紧张,吓得站在麦草上不敢移动。

麦草急得大喊："快走啊，不然我会烧起来的。"话还没说完，麦草就被灼热的煤炭烧着了。就这样，麦草断成了两截，和煤块一起被小溪冲走了。

豆子看到这可笑的一幕，不禁放声大笑。不料，它笑得实在太用力了，把肚皮笑裂开一条缝。幸好有一个手艺高明的裁缝恰巧经过溪边，拿出了针线将豆子的肚皮缝了起来。豆子好不容易活了下来，可是肚皮却也因此留下了永久的疤痕。

豆子的结构

豆子是豆类植物的种子，也就是说，豆子所拥有的结构能帮助它顺利成长为一棵新植物。豆子的构造可以简单分为种皮和胚两个部分。

种皮是豆子的外壳，就像是一件衣服，保护着重要的胚。拿起一颗豆子仔细瞧一瞧，会发现种皮上有一条裂缝，这就是种脐。种脐是豆子和它的妈妈相连接的地方，豆子妈妈的养分可以通过这个连接处传递给豆子，这跟人类的肚脐是相似的道理。

把种皮剥开后露出来的部分就是胚。胚是种子最重要的部分，因为胚会发育成一株新的植物。胚又可分为胚芽、胚轴、胚根、子叶四个部分。胚芽就是植物长大以后的叶子和茎；胚轴连接了胚芽和胚根，也是茎的一部分；胚根会发育成根部；子叶则是储存大量养分的地方，因此占了整个种子的大部分体积。子叶的养分，就像是奶水一样，可以帮助豆子顺利茁壮成长。

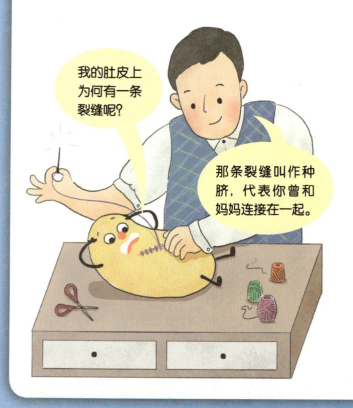

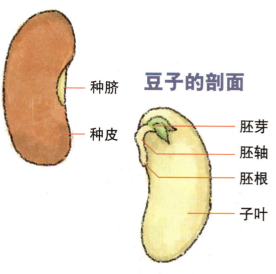

一颗豆子可区分成种皮和胚两个部分。胚又包含了胚芽、胚轴、胚根和子叶。

豆类植物不简单

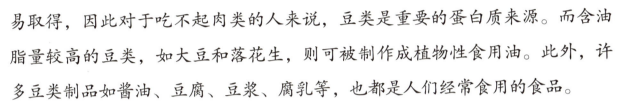

豆类植物是相当庞大的一个家族，全世界大约有 2 万种不同的豆类。其中一部分豆类是重要的作物，自古以来就被人类所种植和食用。豆类富含蛋白质，加上容易取得，因此对于吃不起肉类的人来说，豆类是重要的蛋白质来源。而含油脂量较高的豆类，如大豆和落花生，则可被制作成植物性食用油。此外，许多豆类制品如酱油、豆腐、豆浆、腐乳等，也都是人们经常食用的食品。

除了作为食物，有些豆类植物也可用来造纸或者当作薪柴，如相思树和合欢树。在贫瘠的土壤上种植豆类植物还可改善土壤品质，这是因为豆类植物的根部通常会出现根瘤。根瘤是一群和豆类植物共同生活的根瘤菌所居住的地方，这些细菌能把空气里面的氮气转变成植物可利用的养分，使土壤变得肥沃。这个过程被称为"固氮作用"。

根瘤

每个根瘤中都住着一大群根瘤菌，能将空气中的氮气变成植物可使用的养分，如硝酸盐。这些养分能让土壤变得肥沃，使植物生长得更好。

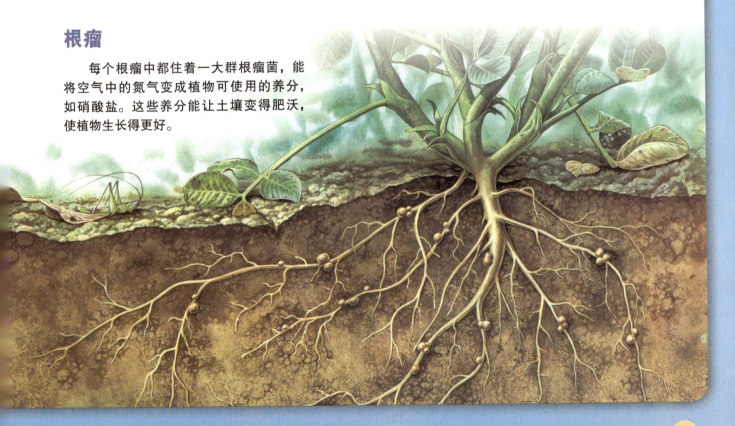

兔仙的神奇种子

村庄里住着一位孤儿，他的名字叫作周大。周大每天辛苦地上山砍树，卖柴给村里人以求温饱。周大非常善良，遇到比自己贫苦的人，还会想办法接济他们，从不计较自己是不是能吃饱穿暖。

一天清晨，周大仍和往常一样上山砍树。当他来到一条山沟附近，看见一只惊慌失措的灰兔跑过来，躲进他的柴担底下。不远处，一位猎人拿着猎弓气喘吁吁地追来，看到周大就问："你有没有看见一只灰兔子？"

周大知道猎人在猎兔，但他不忍心交出躲在担子下的灰兔，就撒谎说没有看见，等猎人一走，他就放出灰兔，让它离开了。

七天后的中午，周大砍了一大担柴，正坐在路边吃午饭时，忽然看到路旁的大石头上，站着一位白胡子几乎快要拖到地上的老先生。

周大从未见过这个老先生，但看他站得这么高，便对老先生说："您好！您站的位置恐怕不太安全，要不要晚辈扶您下来？"

老先生说:"你天天砍树太辛苦了,我这里有一袋金子,你拿去,往后就可以舒舒服服地过日子!"

"谢谢您,老先生,"对于老先生突如其来的慷慨之举,周大很惊讶,但是他回绝了,"我靠自己的劳力砍树卖钱,生活很满足,不需要金子。"

老先生满意地微笑:"好周大,不贪财又善良。其实我是兔仙,七天前你搭救的灰兔子正是我的孩子。这样吧,我给你一袋种子,只要你想种什么,闭上眼想一想,随手撒在土中就能长大,就算是我报答你的一点儿心意吧!"

周大半信半疑地带了那袋种子回家,来到屋后的空地上,他闭上眼睛,心中想着稻子。当他撒下种子,再睁眼一看,果然长出了一整片稻田。周大立刻想到那些穷人。于是,他跑到每户人家附近撒下种子,转眼间,到处长满了玉米、花生、小米、小麦等各种农作物。看到遍地的庄稼,所有人都开心地笑了。

如何让种子发芽？

种子发芽后就会渐渐成长，但是要让种子发芽，需要哪些条件呢？最重要的条件是充足的水分。水可以让种子的皮变软，使胚根更容易突破种皮而发育成初生根。水也可以促进种子的新陈代谢，将子叶中储藏的养分释放出来，让新生植物更容易吸收这些养分。

第二个条件是温度。不同种子适合发芽的温度都不太一样，但通常温度越高，种子发芽的速度也越快。

第三个条件是空气。空气可以让种子呼吸，进而产生能量促进生长。

第四个条件是光。有些种子会因为光照而发芽，如莴苣种子。但有些种子却需要在黑暗中才能发芽，如百合花种子。

若是没有遇到适合的环境，种子就不会发芽而选择继续休眠。种子休眠是自我保护的一种方式，免得种子在不正确的时间或地点发芽，可能会长得不健康或无法适应环境。

豆子发芽的过程

只要给它们适度的水、光、空气和温度，每颗种子都有机会长高长大。

1. 种子吸水后开始膨胀。种皮也变软并破裂。
2. 种子发芽后，胚根成长为初生根。
3. 下胚轴伸长且弯曲。
4. 胚芽则形成初生叶。下胚轴把两片子叶和初生叶带出土壤。
5. 下胚轴伸直，并将上胚轴与子叶举高。

种子的旅行

种子没有脚，该怎么离开妈妈身边开启自己的独立生活呢？别担心，植物有许多好方法，能帮助自己的孩子出去旅行。

酢浆草和凤仙花使用果皮的弹力把种子"弹射"出去；蒲公英则在果实上装备降落伞，使种子能随着风飘到远处；松树种子拥有"翅膀"，可以乘风飞翔。水果如葡萄和莓类会将种子藏在甜美多汁的果实中，吸引动物前来享用。当动物把果实吞下肚后，种子会随着粪便排出去。鬼针草让果实长出"小夹子"，只要有动物经过，就会趁机夹住动物的毛皮，让种子搭乘免费的顺风车；椰子、穗花棋盘脚和莲花则发展出可以浮在水面上的果实，让它们的种子随着流水远航。不论使用哪种方法，植物都会努力让自己的后代传播到更远的地方，这样才能增加族群的生活空间，提高族群的竞争力。

松树种子有翅膀，可以乘风飞翔至远方。

鬼针草果实长出小夹子，一旦被它沾上后，就很难拔除掉。

非洲凤仙花的果皮具有弹力，可以将成熟的种子弹射出去，达到传播种子的目的。

拇指姑娘

很久以前,有一位老太太独自住在池塘边的一间小木屋里。有天晚上,老太太在屋外看着满天星斗,此时有一颗流星飞过夜空,老太太默默对着流星许愿:"真希望能有个孩子陪我一起欣赏这美丽的夜空。"

这时,一位魔法师出现在老太太面前,他说:"我听见你的愿望了。这里有一颗种子,你将它种在花园里。不久后,你的愿望就会实现了。"话一说完,魔法师便消失无踪。

老太太照着魔法师的话去做,在花园里种下那颗种子。在老太太细心呵护下,种子逐渐发芽成长,并长出了一个小小的花苞。老太太很高兴,忍不住亲吻了花苞一下。这时,花苞忽然绽放开来,而花朵里居然坐着一个可爱的小女孩儿!由于小女孩儿只有拇指般大小,因此老太太叫她"拇指姑娘"。

老太太将拇指姑娘当作自己的女儿般悉心照顾，为她布置了小巧又美丽的家。

有一天，当拇指姑娘在睡觉时，一只又丑又肥的蟾蜍跳进了小屋。它一看见拇指姑娘便爱上了她，想要娶她当新娘。蟾蜍把拇指姑娘偷偷带回了池塘，放在睡莲叶上，然后跑去准备婚礼。

当拇指姑娘醒来后，发现自己被丢在睡莲叶上，她感到很无助，只能低声啜泣。这时，有两条鱼听到了她的哭声，便游过来问道："美丽的小姑娘，你为何哭泣呢？"拇指姑娘回答："不知怎么回事，我被困在睡莲叶上了。我想回到那边的小屋里。"

"让我们来帮你吧！"说着，两条鱼合力把睡莲的叶柄咬断，拖着睡莲叶游向岸边。附近的蝴蝶停在睡莲叶上陪伴着拇指姑娘，空中的小鸟也飞了下来，在拇指姑娘的身边唱着歌鼓励她。

有这么多善良的小动物帮忙，拇指姑娘不再害怕，也终于顺利回到老太太身边。从此之后，这些小动物经常来探望拇指姑娘，保护她不再受到蟾蜍的骚扰，拇指姑娘和老太太也过着幸福快乐的生活。

科学教室

荷花、莲花与睡莲

我们常常听到的荷花、莲花和睡莲究竟有什么不同呢?

荷叶的表面相当粗糙,因此落在叶片上的水会凝聚成水滴而不会散开,科学家将这种现象称为"莲花效应"。这样的特征让莲花可以用水滴把附着在叶片上的污泥或小虫子带走,就好像在清洁叶子。

其实,荷花和莲花是同一种植物,它的叶子挺立在水面上,因此被称为"挺水植物";至于睡莲的叶子则平贴于水面上,因此属于"浮叶植物"。

此外,睡莲的叶子有深深的裂痕,荷花的叶子则是完整的圆形。睡莲的叶子较为光滑油亮,上面常常会沾染泥巴;而荷花的叶子虽然表面无光且相对较粗糙,却不易沾染灰尘,因此获得了"出淤泥而不染"的美名呢!再仔细瞧一瞧,把水洒在荷叶上时,水滴只会在叶片上滚来滚去,却不会散掉;睡莲叶上则不会形成水珠。最后,若是从花朵来看,睡莲的花里面有一圈黄色的花蕊,而荷花的花朵里则有膨大的莲蓬。

荷花的花朵里有一个布满了莲子的莲蓬。

睡莲的花朵中间有一圈花蕊。

挺水植物和浮叶植物

还好我最近吃得比较少，没有沉下去。

挺水植物的根深入于水下的土壤中，而茎、叶和花则挺出于水面之上。许多水生植物都属于挺水植物，但它们通常只能生长在水深不超过1米的浅水区，若是水太深，这些植物就会惨遭"灭顶之灾"。常见的挺水植物除了前面提到的荷花，还有野姜花、茭白笋、芦苇等，我们常吃的稻米，也可归类为挺水植物的一种。

浮水植物的根或根状茎生于水下的土壤中，上面只能看到浮于水面的叶片和花朵。它们的叶子具有角质层，能防止水分快速流失而死亡。浮叶植物在开花后，花朵会沉到水里，因此它们的果实都是在水中成熟的。常见的浮叶植物包括睡莲和菱角。另外有一种很特别的浮叶植物叫作"王莲"，王莲的叶片直径可达3米以上，叶子边缘向上反折，看起来就像一艘漂浮在水面上的小船。

王莲的叶片平展于水面上，就像是一艘艘小船。巨大的王莲叶片可承受三个幼儿园小朋友的重量，最多可承受达60~70千克。

花与叶

　　有一位富有的老太太，她每次看到别人家的花园，就梦想着自己也能有一座花朵盛开的美丽花园，让她可以和朋友一起在自家花园里欣赏花卉，悠闲地喝着下午茶并度过愉快的一天。

　　于是她买了一块地，请来城里最棒的设计师。她对设计师说："不管要花多少钱，请你替我设计一个最美丽的花园。要有凉亭、假山、桌椅。噢，对了，还要有四季都盛开的花朵。"

　　设计师费尽了心思，替老太太建造了一个富丽堂皇的花园，又从世界各地购买了各种植物，因此任何季节都能在花园里看见美丽的花海。

　　设计师对老太太说："这座美丽的花园是我精心设计的杰作，我这一辈子恐怕再也无法做出跟这座花园一样棒的作品了。现在交给你，希望你能好好地照顾这座花园。"

　　老太太绕了花园一圈，看着到处盛开的花朵，觉得非常满意，于是付给设计师一笔可观的报酬，设计师开心地离去了。

　　老太太每天都很用心地照顾这座花园，也常常邀请朋友来花园里喝下午茶。来造访的朋友们无一不赞美老太太的花园，这使得老太太相当开心。

　　有一天，当她在花园中散步的时候，忽然发现一件事："为何我的花朵不像当初那样鲜艳和美丽了呢？反而长出了一大堆叶子。"

　　她认为叶子抢了花的养分，害她的花长得不够好。于是，她拿剪刀把所有的叶子都剪掉了。没想到，过了两天，花不但没有长得更好，反而全部枯萎了。她心爱的花园瞬间变得光秃秃的，什么都没有了。

　　老太太非常伤心，搞不懂为何会这样。她把设计师找来，问："我把和花朵争养分的叶子都剪掉了，为什么花朵还会死去呢？"设计师听了差点儿没昏过去，说："花的养分就是来自叶子啊，你把叶子全部剪掉了，花怎能不枯萎呢？"

植物的能量工厂——叶子

在老太太眼里，那些不起眼的、不美丽的叶子，其实是植物的养分制造工厂，里面蕴藏着许多奇妙的构造。

和人类的皮肤一样，叶子也有表皮，表皮外面还包覆着一层角质层。表皮和角质层能共同防止叶子里的水跑出来，免得叶子枯萎。可是，叶子也不会完全把自己封闭起来。叶子背面有许多"气孔"。这些气孔可以开开关关，控制着氧气、二氧化碳和水汽的进出。

叶子里面的叶脉负责将根部所吸收的水分输送到叶子的叶肉细胞，也将叶肉细胞所产生的养分输送到植物的其他部位。

每一个叶肉细胞就像是一间工厂，里面有许多工人，这些工人被称为"叶绿素"。叶绿素每天都勤奋地工作，它们将叶脉送过来的水，以及从气孔送进来的二氧化碳，加工产生葡萄糖。这些糖类就是供给植物的养分，能让植物长高长大，绽放美丽的花朵，并结出丰硕的果实。

呜……花怎么都死了呢？

叶子的结构

上表皮　叶绿体　叶脉　叶肉细胞　下表皮　气孔

多功能的叶子

叶子除了制造养分，还有其他有趣的功能哦。有一种植物的叶子可以用来繁衍后代，这种植物被称为"落地生根"。落地生根的叶片边缘会长出许多小的芽体，这些芽体落在土壤里，能够长成新的植株。

荨麻科植物咬人猫和咬人狗为了保护自己不受到伤害，在叶子上长满了细细的小刺，若动物不小心碰触到它们，这些小刺会释放出蚁酸，让人觉得疼痛不已。

生长在热带雨林中的菩提树拥有长尾巴的叶子，这种造型让它能在多雨的环境中顺利排水。

把樟树和肉桂的叶子放在手里轻轻揉搓，就会闻到一阵香味。这是因为它们会分泌精油，阻止害虫啃食它们的叶片。

面包树和琴叶榕的叶子可以长到四五十厘米大，这么巨大的叶片是为了在茂密的森林中可以获得更多的阳光。

落地生根的叶子边缘长出了许多小芽体，每一个芽体都能长成新的植株。

咬人猫的叶子上有小刺，可以保护自己不受到伤害。

菩提树叶子有长长的尾巴便于排水。

勇于认错的廉颇

战国时代，秦、赵两国经常打仗。有一年，秦王约见赵王，表面上想要缔结两国和约。可是在宴席间，秦王不断羞辱赵王，企图让赵国屈服。幸好，赵王身边有一位机智又勇敢的上大夫，名叫蔺相如。他数次替赵王解围，才让赵国在这场外交战争中挽回颜面。回国后，赵王立刻以此功劳为由，将蔺相如提拔为宰相。

大将军廉颇得知蔺相如升官后非常不高兴，他向身边的人抱怨："我是三朝老将，一生中作战无数，好不容易才得了大将军的位置。蔺相如是什么角色，一个小小的上大夫，只凭三寸不烂之舌，居然位置比我还高，真是丢脸！"

旁边有人劝他忍一忍，廉颇不但不听劝，还骂道："赵王如此不公平，这口气我咽不下去。下次见到蔺相如，我一定要好好羞辱他一番。"

蔺相如听说了这件事，就吩咐身边的人："以后若是在街上和廉老将军的车队相遇，我们的车队一定要礼让。你们也不准跟廉老将军的家人起冲突。"

蔺相如的朋友觉得很奇怪，一个堂堂宰相为何这么没有胆量？蔺相如解释："我并不是害怕廉颇，而是为了国家着想。若是我国的将相不合，秦国很可能就会趁机攻打赵国。"

这段话辗转传到廉颇那里，让他感到相当惭愧。一天早晨，廉颇脱了衣服，身上背着荆杖，从家里走到宰相府请罪。

蔺相如知道后，赶紧冲出来迎接廉颇。"廉老将军，何苦如此呢？"

廉颇答道："我错了，我不应该忌妒你，反而应该学习你的坦荡胸襟。"

蔺相如听了之后大受感动："别说了，我们和好吧！赵国需要我们共同努力。"

就这样，廉颇和蔺相如成为非常好的朋友。

为什么植物会有刺？

有些植物会在身上长出利刺，这些植物被统称为"荆棘"。为什么植物要长出可怕的尖刺呢？因为刺可以产生吓阻的效果，防止动物任意啃咬或踩踏自己。想象一下，当你看到一棵茎部长满利刺的玫瑰时，一定会小心翼翼地尽量不要碰到它。

有些植物的刺是由叶片变成的，如仙人掌。由于生长在干燥地区，仙人掌会努力让珍贵的水分留在自己体内。它们的尖刺状叶片因为面积很小，因此能有效降低水分从气孔蒸散的损失，也可以让别的动物无法轻易吃到它们肥厚多汁的茎部。

扛板归的刺则是它们用来攀爬的工具。由于身体纤细，扛板归必须用刺来钩住其他物体或植物，才能爬到高处迎接更多的阳光。

蒺藜草的果实布满了利刺，是为了攀附在路过的动物身上，让自己的种子得以传播到远处。

蒺藜草的果实利用尖刺附着在动物的毛皮上，进而达到传播种子的目的。

拥有蓝黑色果实的扛板归，茎上布满细小的刺，是它攀岩走壁的有用工具。

呜……选了这么多刺的荆，真的很疼啊。

植物的奇妙防御力

植物不会求救，也不会逃跑，要是受到害虫的侵袭，该怎么办呢？植物发展出各式各样的防御系统来保护自己，除了尖刺，植物还会制造"毒药"、聘请"保镖"，或者让自己变得难吃。

毛虫吃叶片，椿象则攻击毛虫。看似椿象挺身而出保护植物叶片，其实正是食物链的最佳写照。

某些植物一旦遭受害虫攻击，细胞就会释放出化学毒素，让毛虫吃了后腹痛而死。有些植物会发出警告，通知附近的植物小心害虫入侵，促使其他植物也一起释放出毒素。有的植物则发出求救信号，吸引毛虫的天敌，如吸引食肉椿象前来杀死毛虫。某些寄生蜂也会被植物放出的味道吸引前来，然后在毛虫身体里产卵，让自己的幼虫由里而外慢慢地吃掉毛虫。另外一些植物在遭受攻击后，会让自己变得难吃，如番茄会释放出化学物质干扰昆虫的消化和营养吸收，毛虫为了填饱肚子，甚至会开始攻击其他毛虫呢。

一品红

一品红又称"圣诞红"，圣诞红不仅叶片流出的白色汁液有毒，连花苞、花蕾等部位也都有毒性。

故事时间

单衣顺母

春秋时期有一个孝子叫作闵子骞,由于母亲过世得早,父亲娶了一位后母来。在连续生下两个男孩儿以后,后母开始偏袒自己的小孩儿,而冷落了闵子骞,虽然在表面上后母仍对闵子骞嘘寒问暖,但实际上对他很不好。

有一年的冬天相当寒冷,后母替三个孩子做了三件冬衣。闵子骞的弟弟穿上衣服后很高兴。"哇,好轻柔的棉袄,穿起来又舒服又暖和。"闵子骞也开心地穿上衣服。"谢谢娘,这件棉袄真适合我。"可是,闵子骞一点儿都不觉得身体变暖,他不明白为什么。

隔天,父亲带着闵子骞外出,让闵子骞负责驾车。闵子骞穿着棉袄,手里拿着缰绳,身体却忍不住发抖。父亲关心地询问:"你还好吗?是不是生病啦?"

闵子骞不想让父亲担心,撒谎道:"没有,可能是昨晚睡得不好,有点儿精神不济。"

父亲说:"好吧,那小心点儿,别太快。"

闵子骞就这样边发抖边驾车,可是他的双手渐渐失去了知觉。忽然,他连缰绳都抓不住了,人就这样掉出了车外,棉袄也被路旁的石头割破了。父亲赶紧停下车子,跳下去找闵子骞:"骞儿,你怎么啦?有没有摔伤?"

闵子骞:"没……没事,但母亲送给我的棉袄破了。"

父亲看着闵子骞身上的棉袄,却发现从破掉的棉袄中掉出来的居然不是棉花,而是芦花。父亲这才恍然大悟。"原来这棉袄里装的都是芦花,怪不得闵子骞一直在发抖!"气愤的父亲带着闵子骞回到家,将后母找来,想要把后母赶走。

没想到,闵子骞着急地阻挡父亲。"爹,不要啊!娘在的时候,顶多是我一个人受冻,若您将娘赶走,连弟弟们都没人照顾了!"父亲和后母听了后都相当感动,三人抱在一起哭泣。从此,后母对待闵子骞就像自己的儿子一样,再也不欺负他了。

蒹葭苍苍——芦苇

闵子骞棉袄里的芦花是芦苇这种植物的花朵。芦苇喜欢潮湿的环境，经常出现在滨海地区或河口地带。由于芦苇的地下茎很发达，可利用地下茎不断长出新的芦苇，因此常常连成一大片。古人对芦苇的详尽观察就体现在《诗经》中，所谓的"蒹葭苍苍"，形容的就是浅褐色的芦苇花在水边成片盛开的景象。

芦苇从头到脚都相当有用。芦苇花很轻柔，无法用来制作保暖的棉袄，却能填充枕头；芦苇的茎富含纤维，因此可用以造纸；芦苇的根则是一种中药，被称为"芦根"。有些牧民还会使用芦苇作为牧草来饲养牛马。当成片的芦苇随风飘荡时，那壮观的景象也是一种美景，全世界最大的芦苇湿地就在辽宁省的盘锦，每年秋天这里都会吸引许多游客前往驻足游览。

不过，芦苇也并非全无坏处。芦苇的生命力强盛，繁殖快速，因此也常常成为农田里难以清除的杂草，让农夫头疼不已。

棉袄里面的芦花，不就是河边那片杂草吗！

扫一扫，看视频

稻米原本也是杂草

在分类学上，芦苇属于禾本科植物。这一类植物对农业社会的起源很重要，除了荞麦，几乎所有的人类主食都是禾本科植物，如小麦、大麦、玉米、小米、稻米等。你知道吗？在它们还没成为人类的重要食物之前，其实都只是野地里的杂草呢。

以稻米来说，它们的祖先原本生长在沼泽里，某一天，人类碰巧看到鸟类在啄食这种野草的果实，因而发现这种果实只要去掉外壳后就可以吃。然后，人类又观察到这种果实要是掉在地上，会长出一样的野草，生出一样的果实。于是，人类开始尝试把果实撒在土里，等它结果后就收割。就这样一次一次地重复着，人类发展出一套耕作方法，野生稻米也被"驯化"成栽培稻米。从此，人类可以收获更多的米粒，也就能吃得更饱。

人类花了数千年的时间才慢慢地将野生稻米转变成栽培稻米。野生稻米的果实成熟后会自己脱落，因此较难捡拾。相反地，栽培稻米的果实不会自己掉落，因此便于大量收割。这是一个很重要的驯化特征，因为人类终于可以主动收集到更多的饱满米粒，养活更多的人了。

故事时间

睡美人

城堡里有一位公主诞生了。国王相当高兴,邀请了全国民众都来参加庆祝宴会,连仙女们都来了,每位仙女都给公主献上了祝福。

百草仙女说:"公主将会成为十分美丽的女人。"万兽仙女说:"而且十分聪明。"金银仙女说:"健康而长寿。"

就在每位仙女都献完祝福而只剩下大地仙女时,黑暗仙女突然出现在宴会中,她因为未受到邀请而十分气愤。黑暗仙女对公主抛出了一个诅咒:"当公主15岁时,会被针扎而死!"大家听了都十分害怕。

幸好,大地仙女还没献上她的祝福。大地仙女说:"大家放心,公主不会死,只会昏睡100年。"

公主长大了,她就像众仙女的祝福一般,出落得美丽又聪明。然而,尽管国王下令藏起全国的纺织针,到了公主15岁时,她却在阁楼里发现了一根针,好奇的她拿起来察看时,一不小心被针扎到手指,突然就昏倒在地上睡着了。同时,城堡里的一切也都跟着睡着了。时光慢慢地流逝,城堡也被巨大的藤蔓给覆盖住了。没有人可以进入这座城堡,也没有人知道城堡里的公主究竟怎么了,睡美人成为众人口中古老的传说。

某一天,一位王子来到了城堡前,他举起宝剑宣誓:"我一定要进入城堡,将公主救出来!"

当他举起宝剑正要挥斩那些挡路的藤蔓时,神奇的事情发生了。包围在城堡四周的藤蔓居然自动让出了一条路,好像在邀请王子进入城堡。

王子找到了沉睡的公主,发现公主正躺在一张被藤蔓覆盖住的床铺上。他看着美丽的公主,忍不住低头亲吻了公主的脸庞。没想到,公主居然清醒了过来,城堡的一切也都跟着苏醒了。在国王和全城堡人们的祝福之下,公主和王子结婚了,过着幸福快乐的生活。

攀藤植物的爬墙工具

覆盖了整座城堡的藤蔓又被称为"攀藤植物"。这些植物由于自己的身体不够坚硬，无法像其他植物一样"顶天立地"，但又不甘心被"踩在脚底下"，因此总是沿着其他植物或建筑物往上攀爬，以获得更多的阳光。攀藤植物能稳稳地攀附在各种不同形状的物体上，靠的就是千奇百怪的爬墙工具。

血藤和金银花拥有很柔软的茎，只要一碰到任何物体就缠绕不放。常春藤和薜荔会在自己的枝干上长出许多小小的"脚"。这些"脚"被称为"气根"，可以让它们紧紧贴在树皮上。爬山虎发展出特殊的"吸盘"，可直接吸在物体表面，堪称是植物界的"壁虎"。西番莲和牵牛花则使用卷须缠绕在其他物体身上，就像是自备的绳索，又坚固又好用。

所谓"工欲善其事，必先利其器"，攀藤植物就是靠着这些特殊工具，才能自由自在地飞檐走壁，甚至被人们利用来绿化单调的墙壁呢。

薜荔（上图）和常春藤（下图）会在枝干上长出许多小小的气根，用来把自己固定在墙壁或树皮上。

爬山虎会长出"吸盘"，将自己吸在墙壁上。

> 我的家在哪儿？我怎么会到了植物园呢？

> 你就在家啊，只是你的城堡被藤蔓给覆盖了。

植物界杀手

攀藤植物虽然会缠绕在别的植物身上，但依然是靠自己进行光合作用制造养分，因此并不会让其他植物受到太大的损害。不过，有些攀藤植物爬到高处后，喜欢扩展自己的地盘。它们发展出旺盛茂密的枝叶盖在别人的头上争夺阳光，造成其他植物接收不到阳光而难以生长。

最可怕的植物界杀手是寄生植物和绞杀植物。寄生植物自己不生产食物，而是使用特殊的"吸器"侵入其他植物体内，吸取别人的养分与水分。寄生植物中又以菟丝子最为厉害，它们生长迅速，几天内就能将一棵小树完全覆盖住，使受害的植物快速死亡。

绞杀植物通常是榕树类植物，如雀榕、岛榕和榕树等。当它们的种子在别的树上发芽后，会长出许多气生根沿着宿主的枝干往下伸进土壤中或者向下相互融合形成木质根网。这些气生根不仅会和宿主抢夺土壤中的养分和水分，还会渐渐变粗，最终形成密密麻麻的网状构造，将宿主包围起来。由于生长空间不足以及养分缺乏，宿主不久后就会死亡。

菟丝子能快速覆盖在别的植物身上，除了吸取别人的养分，还会遮挡阳光。

榕树长出气根，缠绕勒束在另一棵树的树干上。这棵树最后会被气根整个覆盖住而死亡。

扫一扫，看视频

银杏姑娘

孤儿白果从小父母双亡，因此来到王员外家当长工。王员外有个独生女银杏，银杏和白果两人经常相处在一起，渐渐就产生了情感。

有一天，小鸟叼来了两颗如杏仁大的果核，放在白果和银杏面前。两人觉得很惊讶。白果说："这或许是上天印证我们爱情的信物。"于是两人各自留下了一个果核，私下互定终身。

没想到，当王员外知道他们私定终身后，气冲冲地把两人叫来："白果啊，我供你吃住，你竟敢勾搭我唯一的女儿！"

银杏赶紧替白果说话："爹，我们是真心相爱的，请您务必成全我们。"

王员外大怒："不孝女，这个穷小子有什么好？我不准你们在一起。"

说完后，王员外就把白果赶走了，又将银杏许配给了别人。

银杏心里烦闷，心神不宁，几天后竟然生了场重病，结果还没出嫁就过世了。银杏去世后的第二年，她的坟墓上长出一棵叶子像扇子的小树。这棵树日渐长大，但就是不结果。

白果四处流浪，但心里从未忘记银杏姑娘。十几年后，白果回到伤心地，他找到了银杏的墓，也看见了这棵树。"这一定是银杏姑娘把果核带着下葬，因此长出了这棵树。"白果心里这样想着。

白果决定将自己的果核也种下，又在墓旁盖了间小屋子，用余生陪伴银杏。经过30年，两棵树竟然同时开花了。更神奇的是银杏墓上的那棵树第一次结出了果实，原来这棵树是雌树，只有当雄树在旁边，雌树才能结果。

有一年秋天，年近七十的白果咳嗽不已，好多天都不见好转。夜里，他梦见银杏姑娘对他说："白果啊，将树上的果实摘了吃，咳嗽就会好了。"

白果吃了树上的果实后，身体果然复原了。之后，只要遇到有人久咳不止，白果就将果实送人治病。为了感恩，大家就将这两棵树叫作"银杏树"，而把果实叫作"白果"。

古老的银杏

银杏是一种相当古老的树种，而且长久以来，外观都长得一样。科学家曾在河南省义马市找到2亿年前的银杏树化石，与现代的银杏相比，两者的叶子都呈现扇状，种子也长得很相似。换言之，银杏树从侏罗纪以来几乎没什么变化，这种长时间都保持同一种样貌的动物或植物在灭绝事件中存活下来，我们称之为"活化石"。

> 银杏树啊！你们可活得真久。

现代的银杏只剩一个种，而且野生银杏只出现在东亚地区。但在恐龙兴盛的侏罗纪和白垩纪时期，银杏家族却相当庞大，包括了几十个不同的种，且几乎遍布全球。科学家认为可能是因为被子植物的迅速崛起，抢走了银杏的居住地，使银杏类植物与其他裸子植物一样急速衰落，而地球气候的改变可能也让适合银杏树生活的环境渐渐缩小。

银杏树生长很慢，寿命却很长，从发芽到结果通常需要二十几年，因此也有人把它称为"公孙树"，意思是"爷爷种树，孙子得果"。银杏树还有公、母之分，所以必须将两者种在一起，才能结出果实。

银杏树的叶子像把小扇子，夏天是绿色的，秋天开始转黄，冬天落叶。很多人喜欢捡拾银杏叶作为书签。

银杏的果实俗称"白果"，是常见的中药材。不过，白果有微毒，目前医学界认为，儿童生吃7~15枚，即可引起中毒，炒熟后毒性降低，但一次食入量也不宜过多。

植物活化石

除了银杏，还有几种植物可被称为"活化石"。水杉在白垩纪时曾广泛分布于北半球，却跟银杏一样，随着地球气候变冷而渐渐消失。科学家原本以为水杉已经灭绝了，但在1941年，科学家陆续在四川、湖南、湖北找到这一古老珍稀子遗树种。这个发现轰动了全世界，从那之后，水杉就被引进至世界各地予以栽培。

另外一种很有名气的植物活化石是中华水韭。中华水韭存活了将近3亿年，目前只出现在长江下游的局部地区。中华水韭喜欢潮湿的生长环境，而且必须有充足的水源和肥沃的土壤，可是水又不能太深，免得整株植物都被淹没。最困难的是，水质必须非常干净，中华水韭才能存活。由于对生长条件的要求很多，中华水韭的数量相当稀少，属于濒临灭绝的植物。

水杉一度被认为已经灭绝了，活着的水杉却在1941年于四川万县谋道溪被发现。水杉树形优美，被誉为"中国的国宝"和"植物界的熊猫"。

小牛顿 科学与人文

成语中的科学（全6册）

中国源远流长的五千年文明，浓缩发展出了充满智慧的成语。在这些成语背后，其实有着与其息息相关的科学知识。本系列将之分为植物、动物、宇宙、物理、化学、地理、人体等多个领域。根据每则成语的出处背景或意义，编写出生动有趣的故事，搭配精细的图解，来说明成语背后所蕴含的科学原理，让孩子在阅读成语故事时，也能学习科学知识！

内容特色：

1. 涵盖植物、动物、宇宙、物理、化学、地理、人体等七大领域。
2. 用90个主题、180个细分科学知识点来讲解，近千幅全彩高清插图配合知识点丰富呈现，内容翔实有深度。
3. 配以23个有趣的科学视频进行拓展，扫描二维码即可快捷观看，利用多媒体延伸阅读。
4. 将"科学"与"人文"相结合，将科学的触角伸入更多领域，使科学更生动、多元、发散。

全套6册精彩内容
90个成语
180个科学知识点
23个科学视频

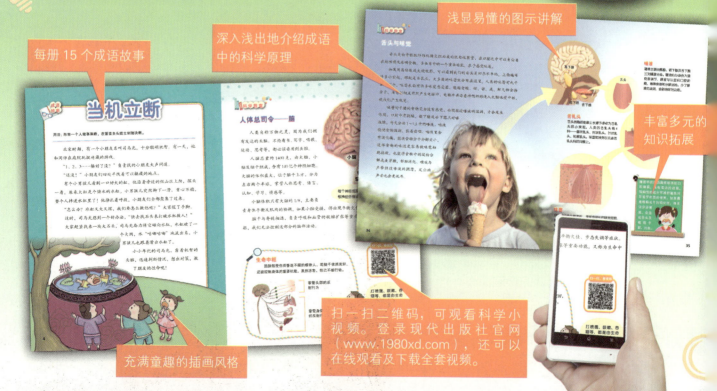

每册15个成语故事　深入浅出地介绍成语中的科学原理　浅显易懂的图示讲解　丰富多元的知识拓展　充满童趣的插画风格

扫一扫二维码，可观看科学小视频。登录现代出版社官网（www.1980xd.com），还可以在线观看及下载全套视频。

小牛顿 科学与人文

故事中的科学（全6册）

故事除了有无限丰富的想象力，还可以带给孩子什么启发呢？本系列借由生动的故事，引发儿童的学习动机，将科学原理活泼生动地带到孩子生活的世界，拉近幻想与现实的距离，让枯燥生涩的科学知识染上缤纷色彩。本系列分成动物、植物、物理、化学、地理、宇宙等领域，让孩子在阅读过程中，对科学知识有更系统性的认识，带领孩子从想象世界走进科学天地。

全套6册精彩内容
90个故事
180个科学知识点
24个科学视频

内容特色：

1. 涵盖动物、植物、物理、化学、地理、宇宙等六大领域。
2. 用90个主题、180个细分科学知识点来讲解，近千幅全彩高清插图配合知识点丰富呈现，内容翔实有深度。
3. 配以24个有趣的科学视频进行拓展，扫描二维码即可快捷观看，利用多媒体延伸阅读。
4. 将"科学"与"人文"相结合，将科学的触角伸入更多领域，使科学更生动、多元、发散。

- 每册15个趣味故事
- 充满童趣的插画风格
- 深入浅出地介绍故事中的科学原理
- 丰富多元的知识拓展
- 浅显易懂的图示讲解
- 扫一扫二维码，可观看科学小视频。登录现代出版社官网（www.1980xd.com），还可以在线观看及下载全套视频。

版权登记号：01-2018-2125

图书在版编目（CIP）数据

廉颇为什么背着荆棘请罪？：故事中的植物秘密 / 小牛顿科学教育有限公司编著. —北京：现代出版社，2018.6（2021.5重印）
（小牛顿科学与人文. 故事中的科学）
ISBN 978-7-5143-6945-8

Ⅰ. ①廉… Ⅱ. ①小… Ⅲ. ①植物—少儿读物 Ⅳ. ① Q94-49

中国版本图书馆 CIP 数据核字（2018）第 053474 号

本著作中文简体版通过成都天鸢文化传播有限公司代理，经小牛顿科学教育有限公司授予现代出版社有限公司独家出版发行，非经书面同意，不得以任何形式、任意重制转载。本著作限于中国大陆地区发行。

文稿策划	苍弘萃、林季融
插　　画	杨雅涵　P4～P6、P16～18、P48～50、P52～54
	陈志鸿　P20～P30、P36～P38
	陈颖慧　P12～P15、P32～P34、P60～P62
	林倩谊　P8～P10
	张彦华　P44～P46
	江伟立　P55
	小牛顿数据库　P30～P31、P19、P35
照　　片	Shutterstock　P6～7、P10～11、P14～15、P18～19、P22～23、P26～27、P38～39、P40～P43、P46～P47、P54～P55、P56～P59、P62～P63

廉颇为什么背着荆棘请罪？
故事中的植物秘密

作　　者	小牛顿科学教育有限公司
责任编辑	王　倩
封面设计	八　牛
出版发行	现代出版社
通信地址	北京市安定门外安华里 504 号
邮政编码	100011
电　　话	010-64267325　64245264（传真）
网　　址	www.1980xd.com
电子邮箱	xiandai@vip.sina.com
印　　刷	三河市同力彩印有限公司
开　　本	889mm×1194mm　1/16
印　　张	4.25
版　　次	2018 年 6 月第 1 版　2021 年 5 月第 4 次印刷
书　　号	ISBN 978-7-5143-6945-8
定　　价	28.00 元

版权所有，翻印必究；未经许可，不得转载